AF450764

LA DIFFUSION

DU

CRÉDIT POPULAIRE RURAL

DANS

LES ALPES-MARITIMES ET LES BOUCHES-DU-RHÔNE

LA DIFFUSION

DU

CRÉDIT POPULAIRE

RURAL

DANS LES ALPES-MARITIMES ET LES BOUCHES-DU-RHONE

QUELQUES EXEMPLES

D'ORGANISATION DE SOCIÉTÉS COOPÉRATIVES

DE CRÉDIT RURAL

MENTON

IMPRIMERIE COOPÉRATIVE MENTONNAISE

RUES PRATO ET ARDOINO

1896

AVANT-PROPOS

———

Les nombreuses demandes que nous recevons
au sujet de la marche à suivre pour la fondation
de Caisses agricoles, et notre vif désir de seconder, en la simplifiant, cette œuvre de relèvement
rural, nous ont décidés à offrir aux amis de
l'idée le présent recueil, qui contient les comptes-
rendus des fondations de quelques-unes des
Caisses à la constitution desquelles nous nous
sommes intéressés.

Beaucoup d'agriculteurs s'imaginent qu'il s'a-
git, en pareil cas, de formalités compliquées
exigeant des connaissances spéciales. On verra
qu'il n'en est rien. Un groupe d'amis de l'idée,
bien pénétré des services que les caisses agricoles rendent à leurs membres et aux localités
où elles fonctionnent, ayant étudié leur mécanisme qui est aussi simple que parfaitement

adapté aux besoins agricoles, s'étant rendu compte de l'innocuité du principe de la solidarité qui est la force et la sauvegarde de ces associations, pourra réaliser facilement la fondation d'une Caisse agricole.

Au surplus, pour ce qui est des détails du fonctionnement et de la comptabilité, nous prions le lecteur de se référer à la brochure de M. Charles Rayneri : *Le crédit agricole par l'association coopérative* (1), dont une 2e édition est en préparation.

Nous tenons également à la disposition des organisateurs des statuts imprimés et timbrés, ainsi que les registres et imprimés nécessaires au fonctionnement d'une Caisse agricole.

LE CENTRE FÉDÉRATIF
DU CRÉDIT POPULAIRE EN FRANCE.

---

(1) Menton, Imprimerie Coopérative.

CASTELLAR

30 juillet 1893.

Le projet dû à l'initiative de M. Rayneri, vice-président du *Centre fédératif du crédit populaire en France*, et qui était à l'étude depuis près d'un an, vient de recevoir sa consécration sous les auspices de la *Banque populaire de Menton*.

Une première réunion, tenue le 1er juillet, avait reconnu l'utilité de fonder, à Castellar, une caisse de crédit d'après le système *Raiffeisen-Wollemborg*. Une nouvelle réunion avait été fixée au 30 du même mois. Elle a eu lieu dans la salle de la mairie de Castellar avec le concours de M. F. Palmaro.

M. Rayneri, dans une conférence très goûtée, a démontré les avantages de l'association à responsabilité illimitée pour le fonctionnement du crédit agricole. M. Grinda, instituteur, a communiqué les statuts de la future société qui ont été approuvés à l'unanimité. Les présents, au nombre de dix-neuf, ont signé l'acte de société et procédé à la nomination

des conseils d'administration et de surveillance.
Ont été acclamés président, M. J. B. Martin, maire;
administrateurs, MM. Deleuse, curé, et Charles
Peglion, ancien maire; commissaires, MM. Hippolyte German et François Peglion; secrétaire-comptable : M. Grinda.

L'assemblée a fixé ensuite les conditions générales
des emprunts et des avances, le maximum individuel de crédit, et le total des prêts pouvant être
accordés pendant le premier exercice social.

La société se trouve ainsi définitivement constituée.

L'inauguration a eu lieu le dimanche 3 septembre
à 10 h. du matin, avec le concours de MM. François
Palmaro, président, Treglia, administrateur, et Ch.
Rayneri, directeur de la Banque populaire de
Menton.

Les conseils d'administration et de surveillance,
ainsi que tous les sociétaires, se trouvaient réunis à
la mairie.

Le président, après avoir déposé sur le bureau
les statuts, les certificats de dépôts aux greffes du
tribunal de commerce et de la justice de paix de
Menton, un numéro du journal le « *Petit Niçois* »
contenant la publication exigée par la loi, annonça
aux personnes présentes que la société se trouvait
définitivement constituée et pouvait commencer ses
opérations.

Le secrétaire donna lecture du règlement d'administration, qui fut approuvé à l'unanimité.

Plusieurs adhérents présents ont fait des dépôts
en compte d'épargne, et le conseil a admis six nou-
veaux sociétaires, ce qui en portait le nombre à

, vingt-cinq, chiffre fort satisfaisant pour une petite localité de 700 âmes. Le conseil d'administration estime que ce nombre sera doublé avant une année.

Après la séance d'affaires, on s'est réuni en un banquet fraternel, qui a eu lieu dans la salle de classe des garçons, décorée avec goût et pavoisée aux couleurs nationales.

Le banquet était présidé par M. F. Palmaro, assisté de MM. le curé Deleuse et Ch. Rayneri. En face d'eux, avait pris place M. Bernard Treglia, ayant à ses côtés MM. Martin, maire, et Grinda, instituteur.

Au dessert, M. Rayneri, après avoir remercié les précédents orateurs de leur témoignage de sympathie, a résumé l'historique de la fondation de cette Caisse. Il a exposé les premières démarches faites auprès de M. Grinda, il y a un an déjà, et l'accueil empressé que ce dernier fit à son projet. Il a fait ressortir le concours apporté par M. Grinda à la réalisation de ce projet, et combien il a été secondé par lui, pour faire comprendre et apprécier le principe de la solidarité illimitée, assise fondamentale de ces institutions. Il a signalé le choix des premiers adhérents, l'admirable entente qui règne parmi eux, et qui constitue un précieux gage de succès.

Il fait l'éloge de MM. Martin, maire, et Deleuse, curé, qui ont favorisé la naissance de la Caisse, et donné un exemple admirable à leurs confrères des communes agricoles de France. Il souhaite que leur exemple soit imité. Maires, curés, instituteurs, constituent, à son avis, le pivot de la coopération rurale.

Il termine en saluant la Caisse agricole de Castellar, nouveau fleuron à la couronne de la coopération française, et lève son verre au succès de l'œuvre et à la prospérité de cette charmante commune.

La réunion s'est séparée à cinq heures.

CAGNES

18 février 1894.

Sur l'initiative du Comice et du Syndicat agricoles et horticoles du canton de Cagnes, une réunion a eu lieu pour la constitution d'une caisse agricole coopérative.

M. Charles Rayneri, directeur de la Banque populaire de Menton, vice-président du Centre fédératif du crédit populaire en France, avait accepté l'invitation qui lui avait été faite de donner une conférence sur le crédit agricole.

La séance a été ouverte à 2 heures et demie sous la présidence de M. Vial, président du Comice, assisté de MM. Guis, maire de Cagnes, et Latty, premier adjoint.

M. Roques, le dévoué secrétaire du Syndicat, remplit les fonctions de secrétaire.

Le président, en ouvrant la séance, présente le conférencier dont il énumère les titres. Il fait ressortir que M. Rayneri est le fondateur des Banques populaires de Menton et de Nice, et que c'est à lui qu'est due la création de la première caisse agricole

du département, une des premières ayant fonctionné
en France : la Caisse coopérative de Castellar.

C'est au milieu de l'attention générale que M.
Rayneri prend la parole.

Après avoir remercié le président des paroles
élogieuses qu'il a bien voulu lui adresser, et M.
Roques, secrétaire, de l'invitation qu'il lui a faite
au nom du Syndicat, le conférencier aborde son
sujet. — Il fait l'historique des diverses phases par
laquelle a passé la question du crédit agricole depuis
un demi-siècle. — Il démontre l'impuissance tant
des lois que de l'État pour procurer le crédit aux
agriculteurs. — Il constate que la coopération seule
est à même de résoudre ce problème, soit par des
banques populaires rayonnant dans les campagnes,
soit par des caisses agricoles du type Raiffeisen-
Wollemborg. — Il décrit le fonctionnement de ces
dernières, il démontre l'innocuité de la responsabilité illimitée tant redoutée jusqu'à ce jour. C'est
précisément cette responsabilité qui est le gardien
et le frein de ces associations. Il insiste sur la néces-
sité d'empêcher le drainage effréné des épargnes
populaires, et sur l'utilité de les conserver sur place
au plus grand profit de l'agriculture. Ces caisses
offrent un placement sûr et rémunérateur. Après
avoir chaudement félicité les promoteurs du projet
de création d'une caisse agricole dans la commune
de Cagnes, il invite les présents à donner leur adhésion à une institution aussi utile. Il termine en
saluant la coopération, symbole de concorde, de progrès et de paix sociale.

Ce discours a été interrompu à plusieurs reprises
par les applaudissements de l'assemblée.

M. Roques donne lecture des statuts devant régir la nouvelle société. Ces statuts ont été signés par 21 des membres présents.

On a procédé ensuite à la nomination du conseil d'administration. Ont été élus à l'unanimité MM. Guis, maire, chevalier du Mérite agricole, Vial, président du Comice, Féraud, conseiller municipal, Michel Latty, rentier, et Cauvin Mari, propriétaire.

La commission de surveillance est composée de MM. François Isnard, François Paulian et Esprit Bousquier, propriétaires.

Les prêts seront faits au taux de 5 °/₀ par an. La Caisse recevra des dépôts d'épargne et des dépôts à échéance.

L'assemblée a nommé par acclamation président d'honneur un de ses compatriotes, M. le général Bérenger, commandant actuellement la division de Chambéry, et vice-président M. Charles Rayneri.

LA TURBIE

18 mars 1894.

Une grande réunion d'agriculteurs a eu lieu pour la constitution d'une caisse coopérative de crédit agricole. La séance a été tenue dans une des salles du Grand Café de Paris, obligeamment mise à la disposition du comité promoteur par le propriétaire, M. Rigotti.

M. Palmaro, président du conseil d'administration,

MM. Carrère et Treglia, administrateurs, et M. Gautier, commissaire de la Banque populaire de Menton, étaient présents.

On sait que cette grande institution marche à la tête du mouvement coopératif dans le département des Alpes-Maritimes, où, indépendamment des services qu'elle rend et de la création d'une succursale qui dessert la Principauté de Monaco, elle a aidé et patronné la naissance de la Banque populaire de Nice, de l'Imprimerie Coopérative Mentonnaise, de la Caisse agricole de Castellar, et tout dernièrement de celle de Cagnes.

La séance a été ouverte à 2 heures de l'après-midi sous la présidence de M. Franco, maire de la Turbie.

Plus de soixante propriétaires et agriculteurs étaient présents. Après avoir exposé en quelques mots le but de la réunion, le président présente le conférencier, M. Charles Rayneri, directeur de la Banque populaire de Menton, vice-président du Centre fédératif du crédit populaire en France, et lui donne la parole.

Dans une brillante improvisation qui a été souvent interrompue par les applaudissements de l'auditoire, M. Rayneri, après avoir salué le comité d'initiative et félicité M. Zirio, gérant de la Succursale de la Banque populaire de Menton à Monte-Carlo, promoteur de l'institution, aborde son sujet.

Il remonte aux premières tentatives faites en France pour l'organisation du crédit agricole, et passe en revue les différentes phases par lesquelles cette question a passé. Il démontre l'impuissance des lois pour la résoudre, et fait ressortir que la véritable solution de ce problème est fournie par la coopération. Il cite les premiers essais qui ont été faits en France dans cet ordre d'idées, l'œuvre des cinq congrès du crédit populaire, qui se sont occupés spécialement du crédit agricole et en ont indiqué la véritable orientation. Il signale l'importance de l'épargne populaire française concentrée dans les caisses d'épargne, dont il critique le fonctionnement.

Ces épargnes, au lieu de contribuer à l'amélioration économique des régions qui les produisent, émigrent et vont s'engouffrer dans la Dette d'État.

Cet état de choses préoccupe depuis longtemps les esprits bien pensants et un projet de loi modifiant le régime actuel des caisses d'épargne est pendant devant le Parlement. Mais en attendant cette réforme si désirée, dont M. E. Rostand a été l'initiateur et est l'apôtre, il importe que l'initiative privée commence à faire l'éducation du peuple sur ces idées de décentralisation. Les associations coopératives constituent un instrument admirable pour mettre l'épargne à la portée du travail et de l'activité locale.

L'orateur fait l'historique de la création des premières caisses agricoles fondées en Allemagne par Raiffeisen, il en énumère les principes fondamentaux, et en explique le mécanisme. Il donne une démonstration irréfutable de l'innocuité de la responsabilité illimitée, devant laquelle on a tant hésité jusqu'ici.

Ce principe renferme la force et la sauvegarde de ces institutions. A l'appui de son dire, il cite les résultats obtenus par ces institutions à l'étranger, et ajoute que aucune de ces sociétés n'a jamais occasionné un centime de perte à ses membres. Il constate que la confiance qu'elles inspirent est si grande que c'est précisément aux moments les plus difficiles que l'épargne cherche en elles un sûr refuge. Il signale la fondation d'un certain nombre de Caisses dans plusieurs départements français, due à l'œuvre de propagation entreprise par le Centre Fédératif, et adresse un hommage reconnaissant à M. le comte de Chambrun qui lui a fait un don de 50,000 fr. pour seconder ces louables efforts. Il invite l'assemblée à donner son adhésion à cette création si utile, et termine en saluant la coopération qui, sagement appliquée amènera le rapprochement des diverses classes sociales dans une sublime pensée de concorde et d'entente durables.

A la suite de ce discours, 42 membres viennent successivement apposer leur signature à l'acte constitutif, et il est vraiment touchant de voir, à côté des grands propriétaires de l'endroit, des petits cultivateurs venant s'inscrire à l'œuvre commune, consacrant ainsi la belle devise de l'Évangile : *Aimez-vous les uns les autres.* »

Il est procédé ensuite à la nomination du conseil d'administration et de la commission de surveillance.

Sont élus : M. Louis Magagli, président de la Société de secours mutuel, président ; MM. Franco, maire ; Gastaud, premier adjoint ; César Laurenti et Antoine Lusimacchio, conseillers municipaux, administrateurs ; MM. Pierre Faez ; Jean Trabut, et Augustin Gastaud, commissaires.

L'assemblée fixe à 12,000 francs le montant des engagements que la Caisse pourra contracter pendant la première année, et à 500 francs le maximum individuel de crédit.

La Caisse recevra des dépôts d'épargne à 2 1|2 %, des dépôts à 6 mois à 3 p. %, à un an à 3, 25 et à 2 ans à 3 1|2.

L'intérêt des prêts sera de 5 p. %, et la Banque populaire de Menton consent à faire des avances à la nouvelle caisse au taux de 4 p. % par an net.

M. François Palmaro, président de cette Banque, est acclamé président d'honneur, et M. Zirio, vice-président.

Signalons enfin le dévoué concours donné par M. Maître, licencié ès-sciences, un des membres les plus actifs du comité d'initiative, qui a accepté par dévouement les fonctions de secrétaire-comptable.

Inauguration de la Caisse Agricole
de la Turbie.

15 avril 1894.

L'inauguration de cette Caisse, la troisième fondée dans le département des Alpes-Maritimes, a eu lieu dans une des salles de la Mairie.

Assistaient à la séance, MM. Kosakiewicz, représentant M. le comte de Chambrun, Palmaro, Neri, Treglia, administrateurs; Rayneri, directeur de la Banque populaire de Menton.

Après une allocution de M. Magagli, président, les opérations ont commencé. C'est la petite épargne qui a eu les honneurs de la séance. 22 carnets d'épargne ont été ouverts pour des sommes variant de 1 à 20 francs.

A midi, les sociétaires se sont réunis en un banquet fraternel de cinquante couverts au Restaurant de France. La salle du banquet était décorée avec goût. Les murs étaient ornés de branches de romarin, de palmiers et de drapeaux français.

En face du président était déployé le drapeau de la Société, au-dessus duquel on avait placé l'écusson de la caisse portant l'inscription *Caisse agricole de La Turbie*, et au milieu les attributs de la mutualité et de l'agriculture.

Au dessert, M. Magagli, président, a prononcé une chaleureuse allocution pour remercier M. le représentant du comte de Chambrun, le conseil d'administration, et le directeur de la Banque populaire de Menton d'avoir honoré le banquet de leur présence. Il a fait ressortir les services que la Caisse est appelée à rendre à la localité, et a bu à son promoteur, à tous les membres qui la composent, aux invités et à la prospérité de la Banque populaire de Menton, qui, après en avoir encouragé la fondation, la secondera par les conseils et par le crédit.

M. Zirio a signalé le concours puissant qui lui a été fourni par MM. Magagli et Lusimacchio ; il salue MM. Treglia, Muggetti, Bonino, Fissore, Chêne, qui ont fait don à la nouvelle Société du drapeau, de l'écusson, d'imprimés et autres objets. Il remercie les journalistes présents du concours qu'ils ont donné à l'idée. Il lève son verre à la prospérité de la Caisse, à l'agriculture et à la France.

M. Rayneri, au nom du Centre fédératif du crédit populaire en France, prend à son tour la parole. Après avoir félicité à nouveau les promoteurs de cette œuvre si utile, il fait ressortir les progrès que l'idée des caisses agricoles a fait depuis plusieurs mois. Non seulement trois caisses ont vu le jour dans le département avec un nombre d'adhérents toujours croissant, mais à en juger par les demandes de documents et de renseignements qui lui sont adressées, il croit que plusieurs projets sont en ce moment à l'étude dans ce même département. Le principe de la solidarité illimitée est aujourd'hui compris et apprécié. Il y a lieu de s'en réjouir.

L'initiative privée montrera que, même sans le concours de lois spéciales, elle peut contribuer largement à résoudre le problème si complexe du crédit agricole. Il demande au conseil de la nouvelle société de se rallier dès sa naissance à la noble légion des coopérateurs français, représentés, pour la branche crédit, par le Centre fédératif du Crédit populaire.

. Il boit à la coopération, et au Mécène qui en favorise l'essor par l'appui moral et financier, au président d'honneur de la Caisse de Castellar, M. le comte de Chambrun.

M. Siga, curé de La Turbie, prononce une allocution vraiment touchante, que nous aimons à reproduire in-extenso :

« Après les voix autorisées qui ont su vous développer avec éloquence les bienfaits de la coopération, j'éprouve une légère appréhension pour revenir sur un sujet si brillamment traité. Toutefois, messieurs, moi qui ai charge d'âmes, je me suis rappelé l'adage latin *Mens sana in corpore sano*. A côté des besoins spirituels existent les nécessités matérielles, et je suis heureux de proclamer que cette société nouvelle, encore au berceau, est appelée à répandre le bien-être dans notre pays, en y introduisant les notions fécondes de l'économie, de l'épargne et de la solidarité.

C'est avec une joie profonde que je lève mon verre pour boire à notre succès commun, car nous travaillons aujourd'hui à la prospérité et au développement de La Turbie, cette parcelle à nous tous si chérie de la France, notre grande et bien aimée patrie. »

M. Treglia fait ressortir le concours que donne la Banque populaire de Menton à la diffusion de la coopération de crédit. Il salue M. Rayneri qui est l'âme, dit-il, de ce mouvement. Il adresse des félicitations à M. Zirio, et ajoute que la date du 15 avril sera mémorable dans les annales de la coopération des Alpes-Maritimes. A la distance de onze ans, elle marque l'ouverture de la Banque populaire de Menton et celle de la Caisse agricole de La Turbie. Il boit à son succès et aux vaillants coopérateurs du département.

M. Garien, directeur au *Petit Niçois*, remercie au nom de la presse. Il dit qu'une lacune existe dans les toasts prononcés. Il veut la combler. M. Rayneri dans son excellent ouvrage a signalé le véritable pivot du crédit agricole. *Maires, curés, instituteurs* doivent être les initiateurs de la coopération de crédit dans les campagnes. Il lève son verre à MM. les maire, curé et instituteur de La Turbie, qui ont si puissamment contribué à la réussite de cette nouvelle et si utile association.

M. Grinda, secrétaire-comptable de la Caisse agricole de Castellar, prononce un intéressant discours résumant l'historique, le mouvement des affaires et les nombreux services déjà rendus par cette institution pendant son premier semestre d'exercice. Il fait ressortir l'appui que les caisses agricoles peuvent donner à l'agriculture, et souhaite que l'exemple de Castellar, de Cagnes et de la Turbie soit imité dans les nombreuses communes rurales du département.

M. Poyet, membre fondateur de la Caisse de la Turbie, clôture la série des toasts par une allocution très sensée, et qui a été chaleureusement applaudie. C'est par le travail, par la prévoyance, par l'association, dit-il, que les ouvriers des champs pourront améliorer leur sort. Le travail enfante le progrès. La solidarité amènera et créera le véritable socialisme, celui du paysan et du banquier. Nous devons marcher unis, s'écrie-t-il en terminant, la main dans la main, comme de vieux soldats, pour la prospérité de la France rurale. Il salue, au nom des coopérateurs de la Turbie, le protecteur de la coopération de crédit, M. le comte de Chambrun.

Ainsi s'est terminée cette belle journée coopérative. Chacun s'est retiré sous le charme de la cordialité qui n'a cessé de régner, et convaincu que le devoir de tout bon citoyen est de seconder, de faire apprécier les œuvres de la coopération, si intéressantes, si fécondes en résultats de toute sorte.

ANTIBES

Projet de création d'une banque populaire et agricole.

19 juin 1894.

Antibes a une certaine importance au point de vue commercial comme au point de vue agricole; de grands travaux vont s'y faire par suite de la démolition des fortifications, et la colonie étrangère amène une certaine recrudescence d'affaires.

Une réunion préparatoire des fondateurs de la future banque a eu lieu sous la présidence de M. Millot, président du Tribunal de commerce, avec le concours de M. Rayneri et de MM. Lombard, ancien président, Pellepot, juge du Tribunal de commerce, Ardisson, notaire, Roubion, conseiller municipal, Pugnaire et Giraud, négociants.

Après avoir approuvé le projet de statuts rédigé par M. Rayneri, le Comité a décidé de convoquer pour le dimanche 1er juillet prochain, une grande réunion au Théâtre municipal d'Antibes. M. Rayneri a accepté d'y donner une conférence sur *les Banques populaires et leur rôle, tant au point de vue des services à rendre au commerce et a l'agriculture, que comme instrument de décentralisation économique*. Ce projet rencontre à Antibes la plus grande sympathie.

Intervention de la Caisse d'épargne de Marseille
pour promouvoir une
organisation locale appropriée de crédit
agricole.

24 juin 1894

« Il est maintenant acquis, d'après l'expérience de l'Allemagne, de l'Italie et d'autres peuples, disait M. E. Rostand au conseil de direction de la Caisse d'épargne des Bouches-du-Rhône en 1891, que la seule base vraie du crédit agricole est l'association locale d'épargne et de crédit mutuel. En ce sens ont conclu les trois congrès de la coopération de crédit tenus à Marseille, Menton et Bourges ; en ce sens les plus récents ouvrages publiés sur le crédit agricole et appuyés sur la connaissance des faits étrangers.

« Les caisses d'épargne allemandes et italiennes ont été les sources alimentaires du crédit coopératif rural. Votre institution peut au moins, en attendant une législation moins étroite, tenter de promouvoir un essai de cet ordre, au bénéfice de sa clientèle rurale, dans l'une des communes du département des Bouches-du-Rhône où elle a des succursales. Elle s'engagerait dans ce but à souscrire pour fr. 1,000 en parts ou actions dans la première coopérative d'épargne et de crédit rural qui se constituerait sur les types sanctionnés par l'expérience en Allemagne et en Italie, dans une des communes des Bouches-du-Rhône où sont établies nos succursales, pourvu que les statuts et le conseil d'administration offrissent les garanties désirables. »

Cette proposition, soumise au conseil des directeurs de la Caisse d'épargne de Marseille par son président parmi celles qui avaient pour objet divers emplois du Xe disponible du boni de l'exercice 1890, fut transformée en délibération. — Une deuxième somme semblable, votée le 13 juillet 1892 sur l'emploi du Xe disponible du boni 1891, porta l'assignation à fr. 2,000. — Elle fit l'objet d'un prêt à la Caisse agricole de Trets en 1894. — Un recueil de *Documents pour l'étude pratique de la constitution du crédit coopératif agricole* fut publié par la Caisse d'épargne, pour faciliter aux agriculteurs la recherche comparée du mode d'action qui s'accommoderait le mieux aux données locales : on y trouvait des statuts d'une banque populaire italienne à opérations de crédit agricole, d'une caisse rurale italienne, d'une coopérative allemande de crédit rural type Raiffeisen, d'une coopérative allemande de crédit du type Schulze-Delitzch, etc. — Une nouvelle somme de 2,000 francs fut votée le 18 juillet 1894 pour être prêtée dans les mêmes conditions à une seconde coopérative de crédit mutuel rural, avec un crédit de 500 francs pour frais de déplacement et de conférences nécessaires à ces fondations. Elle fit l'objet d'un prêt à la Caisse agricole de Fuveau en 1895. — Une nouvelle somme de fr. 4,000 fut votée le 26 juin 1895 pour prêts à deux nouvelles sociétés : sur ce crédit fr. 2,000 ont fait l'objet d'un prêt à la Société de crédit agricole de l'arrondissement d'Aix en 1895.

TRETS

22 juillet 1894.

Sur l'initiative du Centre fédératif du crédit populaire et de la Caisse d'épargne des Bouches-du-Rhône, il a été fondé à Trets, sous le patronage du Syndicat agricole du canton, qui compte plus de cent membres, une *Caisse agricole coopérative*.

Plus de deux cents personnes, la plupart des agriculteurs, assistaient à la réunion qui a eu lieu dans une des salles de la mairie. M. Léon Jullien, président du Syndicat, présidait, ayant à sa droite, M. Eug. Rostand, président du Centre fédératif, et à sa gauche, M. Rayneri, directeur de la Banque populaire de Menton, vice-président.

M. Jullien a exposé le but de la réunion, et souhaité la bienvenue aux hommes compétents qui ont bien voulu apporter à la population de Trets le résultat de leurs études sur la question du crédit rural par la coopération.

M. Rayneri a fait ensuite une conférence sur le crédit agricole. Il a fait ressortir les bienfaits qui résultent, soit dans l'ordre économique, soit dans l'ordre moral, des caisses agricoles du type Raiffeisen-Wollemborg, dont il a décrit le fonctionnement d'une manière très pratique, donnant une démonstration irréfutable de l'innocuité du principe de la solidarité devant lequel on a tant hésité.

M. Eug. Rostand, à son tour, dans une improvisation familière et par moments entrainante, a constaté, comme président du Centre fédératif, l'orientation vers la solution exacte que les congrès du crédit populaire ont donnée au crédit agricole. Par les caisses agricoles, nos agriculteurs auront le crédit à bon marché ; et, mieux que des théories, M. Rostand a apporté le témoignage de ce qu'il avait vu lui-même en Italie. Comme président de la Caisse d'épargne de Marseille, il a rappelé le prêt-subvention de 2.000 francs que cette Caisse a assigné à la première coopérative d'épargne qui se constituerait dans le département sur les types sanctionnés par l'expérience en Allemagne ou en Italie, pourvu que ses statuts et son conseil offrent garantie.

Les deux orateurs ont été chaleureusement applaudis.

L'acte constitutif a été signé séance tenante. Ont été nommés administrateurs MM. Léon Jullien, président du Syndicat agricole du canton, Bonnet et Audric, propriétaires ; membres du conseil de surveillance, MM. André Maurice, Renaud et André Tobie, propriétaires.

L'assemblée a fixé à 3.000 francs le maximum total des engagements que la Caisse pourra contracter pendant l'année, et le maximum des prêts à 200 francs. La Caisse allouera aux dépôts un intérêt de 3 %, et fera ses prêts à 4 %.

SAINT-LAURENT-DU-VAR

15 septembre 1894.

Une Caisse agricole vient d'être fondée à Saint-Laurent-du-Var, sur l'initiative de M. Zirio, gérant de la succursale de la Banque populaire de Menton, à Monte-Carlo, et de M. Layet, négociant, propriétaire dans cette localité.

L'acte constitutif a été signé par cinquante-deux adhérents. — Ont été acclamés président, M. J. Layet, maire, chevalier du Mérite agricole; administrateurs, MM. André Carbonnel, propriétaire, Brémont, J-B., conseiller municipal; commissaires, MM. Antoine Guiglion, Joseph Lambert, conseillers municipaux, Hippolyte Layet, propriétaire; secrétaire-comptable, M. Ganiayre, instituteur.

L'assemblée a fixé à 10.000 francs le montant des engagements que la Caisse pourra contracter pendant la première année, et à 200 francs le maximum du crédit individuel.

La Caisse recevra des dépôts d'épargne à 2 1/2 %, des dépôts à six mois à 3 %, à un an à 3.25 et à deux ans à 3.50 %.

L'intérêt des prêts sera de 5 %. La Banque populaire de Menton consent à faire des avances à la nouvelle Caisse au taux de 4 %, et à recevoir en dépôts ses excédents de caisse.

Par acclamation, M. le sénateur L. Chiris a été nommé président d'honneur, et M. Zirio vice-président.

Le dimanche 7 octobre a eu lieu l'inauguration de la Caisse.

MM. Palmaro, président; Treglia, administrateur; Gautier, commissaire; Rayneri, directeur; Zirio, gérant de la Banque populaire de Menton; Laboulaye, directeur des *Rires d'Or* de Monaco, Scrosoppi, correspondant du *Petit Marseillais* pour la Principauté; Verquière, rédacteur du *Petit Niçois*, avaient honoré la réunion de leur présence. Ils étaient attendus à la gare par M. Layet, maire, président, et par MM. Brémont et Carbonnel, administrateurs.

M. Treglia a offert à la Caisse un magnifique drapeau qui a été déployé au son de la *Marseillaise*, jouée par la musique de la localité, rangée sur la la place de la gare.

Le cortège, composé des sociétaires de la Caisse, s'est rendu en ville, drapeau en tête.

Après un vermouth d'honneur, offert par l'administration de la Caisse, on s'est dirigé à la mairie pour l'ouverture des opérations sociales.

La séance a été des plus intéressantes.— 16 carnets d'épargne ont été émis pour des sommes variant entre 1 et 30 francs. — 5 demandes de prêts ont été déposées. — Plusieurs propriétaires ont demandé à faire partie de la Société, ce qui portera le nombre des membres à environ 80.

A onze heures, les sociétaires et les invités, au nombre de 70, se sont réunis en un banquet fraternel au restaurant Benes. Une charmante cordialité a été la note dominante de ces agapes. Au dessert, des discours ont été prononcés par MM. Layet maire, Christen, ancien maire, Rayneri, Zirio et Treglia. La musique municipale s'est fait entendre pendant le banquet.

ANTIBES

7 octobre 1894.

La réunion pour la constitution d'une Banque populaire et agricole a été tenue au Tribunal de Commerce d'Antibes, sous la présidence de M. Millot, président de ce Tribunal, assisté de MM. Lombard, ancien président, Pellepot, entrepreneur, juge de ce Tribunal, Roubion, conseiller municipal, Guis, maire de Cagnes, et Rocques, instituteur à Cagnes.

Beaucoup de commerçants, d'artisans et d'agriculteurs d'Antibes, Biot et Vallauris, avaient répondu à l'appel du Comité organisateur.

M. Millot a présenté, en termes chaleureux, le conférencier, M. Rayneri, qui avait choisi comme sujet : *Des banques populaires et de leur rôle tant au profit du commerce et de l'agriculture que comme instrument de décentralisation économique.*

Après avoir tracé un exposé sommaire de la marche du crédit populaire en France, l'orateur s'est attaché à démontrer d'une façon pratique l'utilité des banques populaires. Il a passé en revue les principes qui les régissent, leur organisation et leur mode de fonctionnement. Il a insisté sur la sécurité qu'elles présentent comme emploi de l'épargne locale ; il a fait ressortir l'intérêt qu'il y a pour chaque localité à apporter un frein au drainage des capitaux, qui contribue à paralyser la vie régionale.

Dans un tableau saisissant, il a montré les inconvénients de notre système centralisateur et de l'emploi exclusif des dépôts des caisses d'épargne en fonds d'État. Il a opposé à ce système, d'après les

démonstrations irrécusables qu'en a publiées M. E.
Rostand, la liberté d'emploi pratiquée par les autres
nations, qui a permis d'aborder une foule de ré-
formes sociales et d'assurer la libre circulation des
capitaux. Après avoir énuméré les bienfaits sociaux
qui résultent de la coopération de crédit, le conférencier a terminé par un chaleureux appel à la population d'Antibes en faveur de l'institution projetée.

Cette conférence a été soulignée à plusieurs
reprises et saluée à la fin par les applaudissements
unanimes de l'auditoire.

M. Millot a remercié et félicité M. Rayneri. Il a
énuméré les services signalés qu'il rend à la cause
du crédit populaire depuis plus de douze ans. Il a
annoncé que la souscription aux actions de la nouvelle Banque était dès à présent ouverte.

Bon nombre des présents se sont inscrits séance
tenante, et le chiffre des actions souscrites a dépassé
6,000 francs. Le capital initial ayant été fixé à
5,000 francs, la Banque populaire et agricole d'Antibes peut être considérée comme définitivement
constituée.

Inauguration de la Banque populaire
et agricole d'Antibes.

30 mars 1895.

Le 30 mars 1895, a eu lieu l'inauguration de cette
Banque.

A 11 heures du matin, après un vermouth d'honneur offert par le conseil d'administration dans les
locaux du Cercle de l'Union, on s'est rendu au siège
social, situé rue de Fersen, 28. Les bureaux de la

nouvelle Banque, aménagés avec goût et simplicité,
sont installés au rez-de-chaussée. Ils se composent
d'une salle destinée aux divers services, d'un cabinet
pour le directeur, et d'une pièce pour le conseil d'administration.

Etaient présents tous les administrateurs, les commissaires, le directeur et le caissier de la Banque.
Par une délicate attention, M. Rayneri, directeur
de la Banque populaire de Menton, vice-président
du Centre fédératif, avait été invité à cette fête.

Dans une chaleureuse allocution, empreinte de
cordialité, M. Millot, président du conseil d'administration, a rendu hommage au groupe promoteur
de la Banque, et a manifesté la conviction qu'elle
était appelée à rendre de grands services au commerce et à l'agriculture de la région. Il a dit combien
il était heureux de la présence à cette fête de M. Rayneri, en qui il a salué le véritable fondateur de l'institution. Il a fait appel à son concours pour en seconder la marche et l'aider de ses conseils pendant
la délicate période des débuts. Il a proposé de lui
conférer le titre d'inspecteur de la Banque.

M. Rayneri a répondu en quelques mots applaudis.
Après avoir remercié le président de la sympathie
qu'il lui a témoignée, il a résumé le rôle de la Société, et a formé des vœux pour son succès, tout en
renouvelant au conseil l'assurance de son dévoué
concours.

M. Marrou, directeur de la Banque, a remercié le
conseil, et l'a assuré qu'il apportera au service de la
Société toute son activité et toute son intelligence.

A midi, un banquet de famille réunissait le conseil d'administration, la commission de surveillance et les employés de la Banque. La plus cordiale gaité a régné pendant le repas. Au dessert, M. Millot a porté la santé de M. Rayneri, qui a bu à son tour à la prospérité de l'institution et à tous ceux qui vont s'y dévouer.

Après le repas, on est revenu au siège de la Banque pour prendre les dernières dispositions en vue de l'ouverture des guichets, fixée au lundi 1er avril.

SAINTE-AGNÈS

25 novembre 1894.

Sous les auspices de la Banque populaire de Menton, une Caisse agricole vient d'être fondée à Sainte-Agnès, pittoresque commune d'environ cinq cents habitants, faisant partie du canton de Menton.

La réunion constitutive a eu lieu sous la présidence de M. Emm. Revel, maire, assisté de M. Louis Daniel, curé, et de M. le docteur Ciaïs.

Le promoteur, M. Zirio, gérant de la succursale de la *Banque populaire* à Monte-Carlo, a expliqué au nombreux auditoire les avantages que la localité pourrait tirer de la création d'une institution de ce genre. S'appuyant sur ce qu'on a déjà obtenu à la Turbie et à Saint-Laurent-du-Var, et après avoir fait connaître les magnifiques résultats de la Caisse voisine de Castellar, il a démontré de quel appui serait la Caisse agricole de Sainte-Agnès à une laborieuse population.

A la suite de ce discours, M. Arnoux, instituteur, a donné lecture des statuts conformes au Manuel de M. Rayneri, directeur de la Banque de Menton, vice-président du Centre fédératif. Ils ont été approuvés à l'unanimité.

L'acte constitutif a été signé séance tenante par vingt-cinq membres comprenant l'élite de la population.

Les souscripteurs se sont réunis, immédiatement après, en assemblée générale constitutive pour procéder à la nomination du conseil d'aministration et de la commission de surveillance.

Ont été nommés par acclamation président, M. Emmanuel Revel ; administrateurs, MM. l'abbé Daniel, curé, et Antoine Elena, propriétaire ; commissaires, MM. Michel Demai, Horace Raimon et Emmanuel Daniel, propriétaires-cultivateurs ; président-d'honneur, M. Laurenti, maire de Menton.

L'assemblée a fixé à 3,000 francs le maximum des engagements de la Caisse pour la première année et à 300 francs le maximum du crédit individuel.

La Caisse recevra des dépôts d'épargne et des dépôts à échéance fixe.

A l'issue de la séance, M. le président a remercié au nom de l'assemblée M. Zirio, et a ajouté que les sociétaires garderaient une vive reconnaissance du service signalé que, par la constitution de cette Caisse, il a rendu à la commune de Sainte-Agnès.

CABBÉ-ROQUEBRUNE

28 avril 1895.

Sous le patronage de la Banque populaire de Menton et sur l'initiative de M. Zirio, une Caisse agricole a été fondée dans la pittoresque et importante commune de Cabbé-Roquebrune, d'après les statuts de M. Rayneri.

La Caisse a été constituée à la suite d'une réunion d'agriculteurs tenue dans une salle mise gracieusement à la disposition des organisateurs par M. Louis Tissier, conseiller municipal.

Le bureau était composé de M. Louis Tissier, président, assisté de MM. Pierre Daniel, adjoint au maire, et Antoine Gonzalès, président de la Société de secours mutuels.

En quelques mots M. Tissier expose le but de la réunion, démontre l'utilité qu'il y aurait à créer dans son pays natal une caisse agricole coopérative, projet caressé depuis deux ans. Il donne ensuite la parole à M. Zirio, qui explique les avantages que les agriculteurs de la localité pourront retirer d'une institution de ce genre. Il cite ce qu'ont déjà fait les Caisses de La Turbie, de Saint-Laurent-du-Var, de Sainte-Agnès, fondées sur son initiative, et fait ressortir les magnifiques résultats obtenus par celle de Castellar, la première fondée dans le département par l'honorable M. Rayneri, vice-président du Centre fédératif du crédit populaire en France qui sert aujourd'hui de modèle et d'exemple. Le discours de M. Zirio a été longuement applaudi.

A la suite de ce discours, M. Tissier lit les statuts devant régir la future Caisse. Séance tenante, l'acte constitutif est signé par seize membres.

Les souscripteurs se sont réunis immédiatement après en assemblée générale constitutive pour procéder à la nomination du conseil d'administration et de la commission de surveillance.

Ont été nommés par acclamation, président M. Antoine Gonzalès, président de la Société de secours mutuels ; administrateurs, MM. Second Daniel, membre du Conseil de fabrique, et Vilarem, propriétaire, ancien maire ; commissaires, MM. P. Daniel, adjoint au maire, Louis Tissier, conseiller municipal, et Eugène Peillon, propriétaire.

M. Bernard Treglia, doyen des administrateurs de la Banque populaire de Menton, a été acclamé président d'honneur.

L'assemblée fixe à 3,000 francs le montant des engagements que la Caisse pourra contracter pendant la première année, et à 300 fr. le maximum du crédit individuel.

La Caisse recevra des dépôts d'épargne à fr. 2,75 %, des dépôts à six mois à 3 %, à un an à 3,25 %, et à deux ans à 3,50 %.

L'intérêt des prêts sera de 5 %. La Banque populaire de Menton consent à faire des avances à la nouvelle Caisse à 4 %.

A l'issue de la séance, le président remercie, au nom de l'assemblée, M. Zirio des explications qu'il a fournies et qui ont déterminé la réalisation de la Caisse.

Dans l'après-midi, les membres de la Caisse agricole se sont rendus dans la salle de l'école des garçons, où M. Belle, professeur départemental d'agriculture, a donné devant un nombreux auditoire d'agriculteurs une conférence sur les diverses maladies de la vigne et de l'olivier.

Au cours de la conférence, M. Louis Tissier lui ayant demandé son opinion sur l'utilité des caisses et des syndicats agricoles, M. Belle dans un langage clair et précis a fait l'éloge de ces associations, et a vivement engagé les agriculteurs de la commune à s'inscrire comme membres de la Caisse agricole; ces modestes institutions étant appelées à chasser les usuriers qui ruinent les cultivateurs. Il a terminé en rendant hommage à MM. Zirio, Ciaïs, Tissier et au groupe fondateur de la nouvelle Caisse. A la sortie, M. Belle a été l'objet d'une véritable ovation.

FUVEAU (BOUCHES-DU-RHÔNE)

8 juin 1895.

Sur l'initiative du Syndicat agricole, une Caisse agricole vient d'être fondée dans cette commune.

L'assemblée générale a nommé les membres du conseil d'administration. MM. Barthélemy, docteur en médecine, président; Baptistin Colle, et Alphonse Maurin, administrateurs.

Ont été élus membres du Conseil de surveillance, MM. Issalène, Richaud, Chaylan. Secrétaire-comptable, M. Michel Colle.

La Caisse prêtera à 4 %. Elle recevra des dépôts à 3,50.

Le maximum individuel de crédit pour le premier

exercice a été fixé à 600 francs, et le maximum des engagements que la Caisse pourra contracter pendant la même période à 3,000 francs.

La Caisse d'épargne et de prévoyance des Bouches-du-Rhône, comme elle l'a déjà fait pour la Caisse agricole de Trets, accorde à cette nouvelle caisse un prêt-subvention de 2,000 francs à 3 %.

ISTRES (BOUCHES-DU-RHÔNE)

11 juin 1895.

Une Caisse agricole vient de se constituer dans cette commune, ce qui porte à trois le nombre des caisses déjà fondées dans les Bouches-du-Rhône.

Le promoteur de cette nouvelle création est M. Léon Jullien, président de la Caisse agricole de Trets.

SAINT-PAUL-DU-VAR

23 juin 1895.

Une importante réunion d'agriculteurs convoquée sur l'initiative de M. Pattarin, maire, a eu lieu dans cette commune pour y préparer la fondation d'une caisse de crédit agricole.

M. Rayneri, directeur de la Banque populaire de Menton, vice-président du Centre fédératif du crédit populaire, avait accepté l'invitation qui lui avait été faite de donner une conférence sur le *Crédit agricole réalisé par les caisses agricoles à solidarité*.

M. Roques, instituteur, secrétaire du Syndicat agricole et de la Caisse agricole de Cagnes, accompagnait M. Rayneri, et s'était chargé de parler *Des syndicats dans leurs rapports avec le crédit agricole.*

Les conférenciers ont reçu à leur arrivée le plus charmant accueil de la part de M. Pattarin, l'intelligent et dévoué maire de Saint-Paul, assisté de son adjoint, M. Raybaud, et de l'actif et sympathique instituteur, M. Andoire.

La réunion a eu lieu à 2 heures de l'après-midi à l'école communale. Y assistaient environ 70 agriculteurs. MM. le docteur Fouques, Teisseire, président du Syndicat agricole de Vence, Issert, conseiller municipal, Clapier, instituteur à Vence, Isnard, membre de la commission de surveillance de la Caisse agricole de Cagnes, et plusieurs notables agriculteurs des environs avaient tenu à honorer cette réunion de leur présence.

En ouvrant la séance, M. Pattarin, maire, a exposé d'une façon claire et précise le but de la réunion, qui était d'entendre les explications de MM. Rayneri et Roques sur les caisses de crédit rural et sur les syndicats agricoles, se déclarant d'avance très sympathique au projet de création dans sa commune d'une caisse agricole, et assurant l'auditoire de son concours à cette œuvre.

M. Roques, dans un discours instructif, a fait ressortir l'utilité des syndicats, et les rapports étroits qui doivent exister entre les syndicats et les caisses agricoles, deux institutions qui sont faites pour marcher de concert. Il a décrit le fonctionnement et les progrès du Syndicat agricole de

Cagnes, qui compte plus de 600 membres, et dont l'action s'étend au moyen de délégués, dans presque toutes les communes de l'arrondissement. Il a exposé les débuts de la Caisse agricole de Cagnes, fondée avec M. Rayneri, à qui il a exprimé sa sympathie et son admiration pour le zèle et le dévouement inépuisables qu'il apporte à la diffusion en France du crédit populaire et agricole. Ce discours a été accueilli par de longs et unanimes applaudissements.

M. Rayneri, dans un langage clair et précis, a exposé l'état actuel de la question du crédit agricole; il en a décrit l'utilité, le rôle; il a signalé les difficultés que présente l'organisation, difficultés si heureusement vaincues par la coopération. Il a montré dans un tableau saisissant la situation de l'agriculteur, à qui il faut donner la possibilité de trouver sur place, à des conditions réduites, et pour des échéances conformes à ses besoins, le crédit nécessaire à l'exploitation de son champ. Il faut que l'agriculture, qui est l'industrie-mère, soit traitée, au point de vue du crédit, comme le sont les autres industries. Abordant ensuite la question du libre emploi et de la concentration de l'épargne populaire, il a vivement frappé l'auditoire par la démonstration de l'urgence qu'il y a de modifier sur ce point notre législation, de modifier surtout nos habitudes, et de conserver l'épargne rurale sur place, pour la rendre à la terre qui l'a produite. S'adressant aux instituteurs présents, il les a exhortés à inculquer ces principes dans l'esprit de leurs jeunes élèves, car c'est la génération nouvelle qui sera surtout appelée à bénéficier de cette grande réforme.

La description, prise sur le vif, d'une séance d'exercice d'une caisse agricole a captivé l'auditoire, qui a suivi avec le plus vif intérêt cet exposé si complet, a paru convaincu de la bonté de ces modestes associations, et parfaitement rassuré quant à la forme, jadis un peu redoutée, de la responsabilité illimitée. Il a été surtout édifié par le récit des résultats économiques et moraux obtenus à l'étranger et par les progrès déjà réalisés en France. L'orateur a terminé son discours en saluant l'agriculture, en qui résident la force et la richesse nationale, et en félicitant M. Pattarin, maire, M. Raynaud, adjoint, M. Andoire, instituteur, à qui revient l'honneur de cette heureuse initiative, qui se traduira sous peu par la fondation de la Caisse agricole de Saint-Paul-du-Var.

L'orateur a été fréquemment interrompu, et salué à la fin par de longs applaudissements.

L'impression générale est que la Caisse, grâce aux concours qui lui sont désormais acquis, ne tardera pas à être constituée, et qu'elle rendra de grands services dans cette riante et ancienne commune.

GORBIO

19 janvier 1896.

La vigoureuse impulsion donnée par la Banque populaire de Menton à la diffusion des sociétés de crédit populaire continue à porter ses fruits, et l'exemple des localités où fonctionnent déjà avec succès de telles institutions exerce une salutaire influence sur celles qui en sont encore dépourvues.

A la suite de l'assemblée générale de la Caisse agricole de Sainte-Agnès, MM. Laurenti, président d'honneur, Palmaro, président de la Banque populaire de Menton, et Zirio, gérant de la succursale de Monte-Carlo, avaient engagé le jeune et intelligent maire de Gorbio, M. Scipion de Gubernatis, à patronner la fondation d'une Caisse agricole dans sa commune.

Cette Caisse a été constituée à la suite d'une importante réunion à laquelle assistaient les principaux cultivateurs de la localité.

Après une chaleureuse allocution du maire, M. Zirio, dont le dévouement a été maintes fois signalé, a expliqué le but de l'institution et ses avantages. Il a été attentivement écouté et chaleureusement applaudi, ainsi que M. Grinda, le vaillant secrétaire-comptable de la Caisse agricole de Castellar, qui, dans le patois imagé du pays, a décrit le fonctionnement familial de ces associations.

Après la lecture des statuts, 28 adhérents ont signé l'acte constitutif, et la Société a été définitivement constituée.

Ont été acclamés président, M. de Gubernatis, maire ; administrateurs MM. Napoléon Pastor et Pierre Maulandi.

La commission de surveillance est composée de MM. Émile Raimondi, adjoint ; Maurice Lottier et François Lottier.

M. Laurenti, instituteur, a été nommé secrétaire-comptable.

La présidence d'honneur a été décernée à M. Laurenti, maire de Menton, conseiller général.

M. Zirio a été nommé vice-président d'honneur, et M. Grinda, membre honoraire.

L'assemblée a fixé à 6,000 francs le maximum des engagements de la Caisse pendant la première année et à 500 francs le maximum du crédit individuel.

La Caisse recevra des dépôts d'épargne à 3 % et des dépôts à deux ans à 4 %.

L'intérêt des prêts sera de 5 % par an.

MOULINET

2 février 1896.

A la suite d'une conférence donnée dans la salle des séances de la mairie du Moulinet par M. Charles Rayneri, vice-président du Centre Fédératif du crédit populaire en France, une Caisse agricole a été constituée dans cette commune.

M. Rayneri était accompagné par M. le docteur Ciaïs, qui depuis quelque temps déjà, s'était occupé de la réalisation de ce projet, et par M. Pascal Zirio, gérant de la Succursale de la Banque populaire de Menton.

L'éminent conférencier, qui, par sa persévérance, a doté les Alpes-Maritimes de banques populaires et de caisses agricoles en pleine prospérité, a expliqué, avec beaucoup de précision, de chaleur et de clarté, le but et le mode de fonctionnement de ces associations; il a fait ressortir les nombreux services qu'elles peuvent rendre et l'influence morale qu'elles exercent au profit de leurs membres

Après la lecture des statuts, 25 personnes ont signé l'acte constitutif.

Ont été élus président, M. Jacques Moschetti, ancien maire ; administrateurs, MM. Charles Alexis et Amédée Trucchi ; commissaires, MM. Ignace Trucchi, Honoré Trucchi et Antoine Raibaut ; M. Albert Torelli, instituteur, a été nommé secrétaire-comptable.

Le maximum des engagements de la Caisse pendant le premier exercice a été fixé à 6000 francs, et le maximum du crédit individuel à 300 fr. Le taux des prêts sera de 5 %, et l'intérêt alloué aux dépôts d'épargne de 3 % par an.

Avant de se séparer, l'assemblée a voté des remerciements aux fondateurs de la Caisse, MM. Ciaïs, Rayneri et Zirio.

Groupe départemental
des Sociétés de crédit populaire
des Alpes-Maritimes.

Le Groupe départemental des sociétés coopératives de crédit populaire des Alpes - Maritimes, s'est constitué sur l'initiative de la Banque populaire de Menton. M. le comte de Chambrun, le généreux fondateur du Musée Social, a bien voulu en accepter la présidence d'honneur.

Inauguration solennelle
du Groupe départemental des Sociétés de crédit populaire des Alpes-Maritimes.

16 février 1896.

L'inauguration solennelle du Groupe départemental des Sociétés de crédit populaire des Alpes-Maritimes a eu lieu au siège de la Banque populaire de Menton.

Etaient présents MM. Marrou, directeur de la *Banque populaire et agricole d'Antibes*; Martin, maire, président, et Grinda, secrétaire-comptable de la *Caisse agricole de Castellar*; Guis, maire, président, et Roques, secrétaire-comptable de la *Caisse agricole de Cagnes*; Lusimacchio, administrateur de la *Caisse agricole de la Turbie*; Revel, maire, président de la *Caisse agricole de Sainte-Agnès*; A. Gonzalès, président, et Gonzalès fils délégué de la *Caisse agricole de Cabbé-Roquebrune*; Scipion de Gubernatis, maire, président de la *Caisse agricole de Gorbio*; Ganiayre, secrétaire-comptable de la *Caisse agricole de Saint-Laurent-du-Var*. Le délégué de la *Caisse agricole du Moulinet*, empêché au dernier moment, s'était fait excuser.

Les délégués étaient reçus à leur arrivée par MM. F. Palmaro, président, chev. Neri, vice-président, Carrère, Fontana, Isnard, administrateurs, Rayneri, directeur de la Banque populaire de Menton, et Zirio, gérant de la Succursale.

Assistaient à la séance M. le commandant Bosano, adjoint, représentant le maire de Menton, M. Th. Ribaud, président du Tribunal de commerce, et MM. Gautier, Jauffret et Rocca, commissaires de surveillance.

La séance a été ouverte à 10 h. 1[4 par M. Palmaro, président de la Banque populaire, qui a prononcé l'allocution suivante :

Messieurs,

Au nom de la Banque populaire de Menton, j'ai l'honneur de souhaiter la bienvenue aux délégués des sociétés de crédit populaire du département des Alpes-Maritimes qui nous ont fait l'honneur d'adhérer au Groupe départemental.

Toutes les sociétés qui se sont créées depuis 1883 jusqu'à ce jour ont adhéré, sauf une.

Nous sommes heureux de voir aujourd'hui leurs délégués réunis autour de l'institution-mère qui a arboré depuis 13 ans le drapeau du crédit populaire dans ce département, et qui, par son fonctionnement comme par ses résultats, a été parmi les premières à fournir en France un exemple probant de l'utilité du crédit populaire, et de la possibilité d'organiser chez nous des sociétés coopératives de crédit urbain et rural d'après les types variés qui fonctionnent si heureusement à l'étranger.

Cette réunion, Messieurs, marquera une date mémorable dans les annales de la coopération de crédit des Alpes-Maritimes. Elle est le prélude de réunions successives qui seront tenues à ce même siège dans le but d'étudier les questions d'intérêt réciproque, de seconder les initiatives, d'imprimer une direction sage et régulière aux sociétés adhérentes, et d'en multiplier le nombre au plus grand profit des travailleurs des villes et des campagnes.

Animé de ces sentiments, au nom du conseil d'administration de la Banque populaire de Menton, je vous redis : soyez les bienvenus parmi nous, chers collaborateurs, et que le succès le plus complet couronne vos généreux efforts. (*Vifs applaudissements*).

M. Palmaro propose de nommer à la présidence du Groupe M. Charles Rayneri, directeur de la Banque populaire de Menton, vice-président du Centre fédératif du crédit populaire en France.

Par acclamation, M. Rayneri est nommé président du Groupe départemental des sociétés de crédit populaire des Alpes-Maritimes.

En prenant place au fauteuil, M. Rayneri propose de nommer vice-président, M. Bernard Treglia ; membres, MM. le chev. Neri et G. Isnard ; secrétaire, M. Grinda ; inspecteur, M. Zirio.

L'assemblée procède à ces élections par acclamation et à l'unanimité.

M. Rayneri prononce ensuite le discours suivant :

MESSIEURS ET CHERS FÉDÉRÉS,

Vous avez bien voulu m'appeler à la présidence du Groupe départemental des Sociétés de crédit populaire des Alpes-Maritimes. Je vous en remercie sincèrement. C'est un honneur dont je comprends toute l'étendue, et dont je ne me dissimule pas le poids. Mon plus vif désir aurait été de voir siéger à notre tête, l'homme dévoué, le coopérateur sincère qui depuis plus de treize ans préside aux destinées de la Banque populaire de Menton (*Applaudissements*). Ses multiples occupations ne lui ayant pas permis d'y déférer, il a bien voulu me désigner pour le remplacer. Très touché par cette marque de sympathie, je lui en exprime ma plus vive reconnaissance.

En m'appelant à présider à vos travaux, vous avez voulu, plus qu'à ma personne, rendre un hommage à l'institution de crédit populaire la plus ancienne du département, et qui a prouvé non seulement sa vitalité, mais aussi sa force de reproduction. Je considère cet hommage à la fois comme une récompense pour le passé de la Banque populaire de Menton, et un encouragement pour l'avenir. Je crois être l'interprète de son conseil d'administration et de ses sociétaires en vous adressant l'expression de la gratitude commune.

Je remercie M. le Maire de Menton et M. le président du Tribunal de commerce, qui ont bien voulu se rendre à notre appel et donner par leur présence plus d'éclat à cette cérémonie. Ils représentent au milieu de nous cette probe et vaillante population mentonnaise, dont les qualités traditionnelles de travail et d'ordre s'allient si bien avec les principes sévères mais bienfaisants de la coopération (*Applaudissements*). Notre Groupe, Messieurs, pourra quelquefois avoir besoin de votre concours et de votre appui ; nous sommes persuadés d'avance que vous seconderez une œuvre si utile, et qui s'inspire du souci du mieux-être du plus grand nombre.

Je réitère l'expression de notre gratitude à MM. les délégués des Sociétés adhérentes, Banques populaires et Caisses agricoles ; depuis la plus ancienne, celle de Castellar qu'une juste renommée a placée parmi les institutions-types de crédit agricole, et à laquelle le jury de l'Exposition d'Économie sociale à Bordeaux a décerné il y a quelques mois la plus haute récompense réservée aux institutions de l'espèce (*Applaudissements*), jusqu'à la Caisse agricole du Moulinet, fondée il y a à peine quinze jours, que nous aurions été heureux de saluer ici dans la personne de son délégué, si empêché au dernier moment, il ne s'était excusé de n'avoir pu se rendre au milieu de nous.

Je salue les institutions adhérentes, la Banque populaire et agricole d'Antibes, les Caisses agricoles coopératives de Castellar, de Cagnes, de la Turbie, de Saint-Laurent-du-Var, de Sainte-Agnès, de Cabbé-Roquebrune, de Gorbio, du Moulinet, et l'élite des bons citoyens qui les administrent avec autant de dévouement que de clairvoyante sagesse. (*Applaudissements*).

D'autres associations sont en formation. Je salue leurs promoteurs, et suis heureux de constater quels fruits déjà copieux porte l'initiative que prenait il y a treize ans le groupe promoteur de la Banque populaire de Menton.

Après avoir assis cet édifice sur de solides bases, nous avons estimé que là ne devait pas se borner notre œuvre, et que nous ne pouvions pas nous renfermer dans les joies d'une béatitude égoïste. Nous nous sommes dit que si nous avions réussi, si nous avions pu rendre des services, d'autres auraient pu en faire autant. Nous avons cherché à répandre les idées de coopération par la large diffusion donnée à nos comptes-rendus, par des publications diverses, par des conférences, et par une persévérante propagande individuelle, la meilleure. C'est ainsi que grâce aux dévouements que vous connaissez, grâce à l'action de promoteurs locaux, d'autres associations de crédit populaire et agricole se sont à leur tour constituées, et que nous avons pu, parmi les premiers en France, acclimater chez nous la forme la plus délicate de la coopération, celle qui repose sur le principe de la solidarité. Nous avons secondé les institutions nouvelles par les conseils et par un crédit accordé avec sagesse et à des conditions modiques.

Notre concours est tout acquis à la diffusion dans notre département d'institutions similaires. L'association coopérative de crédit répond à un véritable besoin de notre temps, qui tend à substituer les collectivités à l'individualisme. Les associations coopératives sont le frein nécessaire de la spéculation et de l'accaparement ; elles remplacent l'intérêt personnel par l'esprit de fraternité ; elles substituent aux lucres immodérés au profit d'un nombre limité de privilégiés une répartition équitable des produits de la richesse au profit de ses facteurs, l'intelligence, le travail et le capital. *(Applaudissements)*.

Ces institutions, sur lesquelles viendront successivement se greffer une série d'autres associations non moins utiles, syndicats agricoles, sociétés agricoles, sociétés de production, sociétés de consommation, sociétés de construction, caves coopératives, laiteries, beurreries, fromageries coopératives, sociétés d'assurances mutuelles du bétail, sociétés pour la vente des produits en commun, etc., dont certaines sont l'honneur de cette fin de siècle, et d'autres éclaireront d'une lumière radieuse l'aurore du siècle prochain, préparent une lente et sage évolution au profit des moins heureux, au profit de ceux qui sont fidèles à la noble devise de l'honnêteté et du travail. *(Applaudissements)*.

En groupant les diverses sociétés existantes dans le département, nous avons eu pour but de seconder dans notre rayon l'action entreprise depuis sept ans par le Centre fédératif du crédit populaire en France, action qui a répandu sur toute l'étendue de notre pays les saines idées de coopération pour le crédit, et qui donne à ce mouvement une impulsion régulière et progressive ; d'étudier les questions ayant trait à l'organisation du crédit populaire et agricole ; d'aider à la propagation de l'idée coopérative, et à la multiplication des sociétés de crédit populaire.

Aujourd'hui même vous allez aborder une partie de ce programme par la nomination d'une commission de propagande, et par l'étude de l'utilité de créer des syndicats agricoles latéralement aux caisses agricoles.

Nous vous proposerons également un vœu au sujet de quelques modifications urgentes qu'il y aurait lieu d'apporter à la nouvelle loi coopérative, vœu qui sera transmis à l'honorable rapporteur sénatorial, M. Lourties.

Nous vous demanderons enfin de fixer, d'un commun accord, l'ordre de vos assemblées générales, de façon à ce que nous puissions nous y faire représenter.

Tel est le but que nous poursuivons, tel est l'ordre des travaux auxquels nous allons nous livrer.

C'est dans ces sentiments, Messieurs, que je déclare ouverte la première session du Groupe départemental des sociétés de crédit populaire des Alpes-Maritimes. (*Longs applaudissements*).

Sur la proposition du président, l'assemblée nomme une commission de propagande, qui est composée de tous les délégués des sociétés adhérentes, et qui, à leur tour, ont bien voulu se charger de former des sous-commissions locales chargées d'aider à la fondation de nouvelles institutions de crédit populaire.

M. le président présente ensuite un rapport sur *l'Utilité de créer des syndicats agricoles latéralement aux caisses agricoles*. Il fait l'historique de la loi du 21 mars 1884 sur les syndicats agricoles, passe en revue les résultats de cette loi au point de vue de la diffusion de ces associations rurales, dont il décrit le fonctionnement, et qui, dit-il, constituent une des gloires économiques de la France. Il rappelle que le premier Congrès du crédit populaire, tenu à Marseille en 1889, avait orienté exactement la solution du problème du crédit agricole en recommandant d'utiliser les syndicats comme promoteurs d'associations locales autonomes. Le syndicat a pour but de procurer les produits nécessaires à l'exercice de la profession de ses membres, mais il ne peut et ne doit vendre qu'au comptant. Or, un certain nombre de syndiqués peuvent, à un moment donné, être dans l'impossibilité de régler leurs achats au comptant. La Caisse agricole leur procurera le crédit nécessaire à bon marché et à des échéances conformes à leurs besoins. On obtient ainsi un contrôle efficace pour les prêts accordés dont on connaît au juste l'emploi, ce qui constitue un des principes fondamentaux de la distribution du crédit aux agriculteurs. Comme le soleil, le crédit vivifie, de même qu'il consomme et détruit. En concluant, il propose la résolution suivante qui est adoptée à l'unanimité, après une intéressante discussion à laquelle prennent part MM. Gonzalès, Grinda, Roques et Guis :

« Le Groupe départemental des Sociétés de crédit populaire des Alpes-Maritimes conseille aux sociétés adhérentes d'aider à la création de syndicats agricoles communaux, fonctionnant latéralement à elles, conçus dans la plus complète autonomie, et ayant autant que possible une administration distincte. »

Sur la proposition du président, qui passe sommairement en revue les phases subies par la nouvelle loi coopérative encore pendante devant le Parlement, le Groupe émet un vœu en faveur des Unions des sociétés coopératives de crédit, et de l'admission des tiers au bénéfice des opérations des sociétés coopératives, en étendant, au besoin, à ces dernières les dispositions prévues dans cette loi par le système des adhérents dans les sociétés de consommation. Il est décidé que ce vœu sera transmis à M. Lourties, rapporteur sénatorial.

L'ordre du jour étant épuisé, M. le commandant Bosano, dans une brillante improvisation, dit combien il est heureux d'assister à cette réunion ; il remercie le Groupe de son aimable invitation, et l'assure de tout le concours de l'administration municipale pour une œuvre si utile.

La séance est levée à midi, et MM. les délégués se rendent au *Restaurant Victoria*, où un déjeuner leur a été offert par le conseil d'administration de la Banque populaire de Menton.

La plus touchante cordialité n'a cessé de régner pendant le repas. Au dessert, des toasts ont été portés par M. Rayneri au président et au conseil d'administration de la Banque populaire, au maire de Menton et à son sympathique représentant, au président du Tribunal de commerce, aux délégués et à leurs sociétés respectives, à Menton et à la France ; par M. le commandant Bosano, au Groupe départemental ; par M, Gonzalès fils, au président du Groupe ; par M. le président du Tribunal de commerce, aux Sociétés coopératives du département ; par M. Martin, aux Caisses agricoles ; par M. Grinda aux deux rives du Var ; par M. Zirio, aux présidents d'honneur, et à M. Eugène Rostand, président du Centre fédératif ; par M. Gonzalès, à M. Félix Faure, Président de la République ; par MM. Roques et Gonzalès Antoine, ce dernier avec beaucoup d'esprit dans le patois de Roquebrune, aux syndicats agricoles ; par M. Guis, à M. Rayneri et à l'œuvre de progrès qu'il poursuit au profit des travailleurs des villes et des champs ; par M. Revel, au nom de la Caisse agricole de Sainte-Agnès.

On s'est séparé vers 5 heures ; chaque délégué a emporté de cette première rencontre une excellente impression, et de nouvelles énergies pour coopérer à la diffusion dans le département de sociétés coopératives de crédit et de syndicats agricoles.

SOSPEL

23 février 1896.

Cette journée aura été très propice à la cause de la coopération de crédit dans le département des Alpes-Maritimes. Deux caisses agricoles y ont été fondées, l'une à Sospel, l'autre à Castillon.

Partis dans les premières heures de la matinée, MM. Charles Rayneri, président du Groupe départemental des sociétés de crédit populaire des Alpes-Maritimes, Bernard Treglia, vice-président, et Pascal Zirio, inspecteur, ont été reçus à Sospel par le président du Syndicat agricole et par le sympathique vicaire de la paroisse, M. l'abbé Charles Revelli, qui avait servi de trait d'union entre le Syndicat et le Groupe départemental, et qui a donné un vigoureux concours à la création de la Caisse.

Il s'agissait avant tout de mettre les membres du Syndicat, au nombre de près de cent, au courant du mécanisme et du fonctionnement des caisses agricoles, de leur expliquer les liens étroits qui existent entre ces caisses et les syndicats, de leur faire apprécier les services que les cultivateurs peuvent retirer de ces associations.

C'est devant la presque totalité des membres du Syndicat que M. Rayneri a pu fournir ces explications. Il l'a fait dans un langage net et précis, appuyant son dire sur les exemples et l'expérience de l'étranger, et sur l'œuvre réalisée depuis treize ans dans le département au plus grand profit des travailleurs. Le conférencier a été fréquemment applaudi, et la conviction qui a été le résultat de ses paroles a été telle, qu'après la lecture des statuts, 45 membres du Syndicat sont venus apposer leurs signatures sur l'acte social. Il était touchant de voir de vieux agriculteurs, sachant à peine écrire, s'empresser pour apporter leur concours à cette œuvre nouvelle de fraternité rurale.

Le conseil d'administration se compose de M. Bonfante, maire, président, MM. Ignace Genovesi et Pierre Trucchi, administrateurs.

Ont été nommés commissaires de surveillance MM. Paul Boyera, instituteur, Etienne Allavena et Joseph Raibaud.

M. Charles Menci, secrétaire de la Mairie, a été nommé secrétaire-comptable.

Le maximum des engagements de la première année a été fixé à fr. 6,000, et le maximum du crédit personnel à 200 fr. Les prêts seront faits au taux de 4 1/2 0/0, et il sera alloué aux dépôts 3 0/0 par an.

A la fin de la séance, M. Bernard Treglia, dans une chaleureuse improvisation, a salué les promoteurs de la Caisse, et a demandé son adhésion au Groupe départemental, qui a été donnée au milieu des applaudissements de l'assemblée.

CASTILLON

En quittant Sospel, les représentants du Groupe départemental, auxquels s'était joint M. l'abbé Revelli, se sont dirigés sur Castillon, où une réunion avait été organisée, dans le but d'y constituer également une caisse agricole. Ils ont été reçus, à l'entrée du village, par MM. Grinda, l'intelligent secrétaire-comptable de la Caisse de Castellar, le docteur

Ciaïs et Port, instituteur. Après une courte halte, ils se sont rendus au siège de la réunion, où attendaient déjà beaucoup de cultivateurs. Dès la séance ouverte, M. Rayneri prend la parole, et dans une causerie familière expose l'utilité d'organiser le crédit rural, et les résultats vraiment merveilleux obtenus par les caisses agricoles dont il décrit le mécanisme avec beaucoup de détails. L'auditoire a suivi avec intérêt cette causerie et a salué l'orateur par de fréquents applaudissements.

M. Grinda donne à son tour dans le patois local d'intéressantes explications sur les caisses agricoles, sur le fonctionnement et les résultats de celle de Castellar. L'auditoire a été impressionné par cet exposé si convaincant présenté avec verve, et a souligné à plusieurs reprises les paroles de l'orateur par de longs applaudissements.

M. l'abbé Revelli a prononcé ensuite une charmante allocution engageant les présents à souscrire.

M. Zirio a donné lecture des statuts qui ont été approuvés. 17 membres sont venus successivement signer l'acte constitutif, et se sont réunis séance tenante en assemblée générale.

Ont été nommés : M. Barrois, maire, président, MM. François Valetta, Joseph Sigaud, administrateurs ; MM. Vincent Bottin, Bernard Barriera, Jérôme Albin, commissaires.

M. Port, instituteur, a été désigné pour remplir les fonctions de secrétaire-comptable.

Sur la proposition de M. Grinda. M. Borriglione, sénateur, a été acclamé président d'honneur.

Le montant des engagements pour la première année a été limité à fr. 3.000, et le maximum du crédit individuel à fr. 200. Le taux des prêts a été fixé à 5 0/0, et l'intérêt à bonifier aux dépôts à 3 0/0 par an.

La Caisse a donné son adhésion au Groupe départemental et a choisi pour délégué M. Barrois, président, et comme suppléant M. Port.

M. Treglia a clôturé la réunion par une allocution dans laquelle il a fait l'éloge des promoteurs de la Caisse, et a félicité les adhérents qui en ont assuré la réussite.

On s'accorde à prévoir que sous peu le nombre des sociétaires des Caisses de Sospel et de Castillon sera largement doublé. Toutes les communes du canton de Sospel, de même que celles du canton de Menton, possèdent leur caisse agricole, et d'autres communes du département s'apprêtent à imiter cet exemple.

Réception du Groupe départemental des Sociétés de Crédit populaire des Alpes-Maritimes par M. Félix Faure, Président de la République.

5 mars 1896.

M. le Président de la République a visité la ville de Menton, et, après avoir assisté à l'inauguration du Monument commémoratif, il a reçu à la Mairie les autorités et les corps constitués. Cette brillante cérémonie s'est terminée par la réception du bureau et des délégués du Groupe départemental des Sociétés de crédit populaire des Alpes-Maritimes, qui ont été présentés par M. Bernard Treglia, vice-président, en l'absence de M. Charles Rayneri, président, empêché.

M. Treglia a prononcé l'allocution suivante :

« Monsieur le Président de la République,

Notre cher président, M. Charles Rayneri, s'étant trouvé empêché, j'ai l'insigne faveur de le représenter, et de vous présenter le bureau et les délégués du Groupe départemental des Sociétés de crédit populaire des Alpes-Maritimes, qui compte déjà deux banques populaires et dix caisses agricoles.

Les nombreux travailleurs urbains et ruraux qui forment notre vaillante famille auraient été heureux, si cela avait été possible, d'acclamer dans leur siège le Chef respecté de l'État, le Président ami des humbles, de ceux qui ne demandent l'amélioration de leur sort qu'à leur libre initiative, à leur effort individuel.

Les paroles que vous avez prononcées à Lyon sont une nouvelle preuve de votre sollicitude pour la coopération, qui est à nos yeux le meilleur instrument de progrès populaire pratique et de concorde sociale.

Aussi sommes-nous heureux, Monsieur le Président, de pouvoir vous offrir nos plus humbles hommages, avec l'expression respectueuse de notre reconnaissance pour le concours et pour les encouragements qui nous viennent du Gouvernement de la République, et nous vous prions d'accepter ces documents comme témoignage de l'œuvre à laquelle nous avons voué nos intelligences et nos cœurs. »

M. Grinda, secrétaire du Groupe, a remis à M. Félix Faure une collection de documents concernant les progrès du crédit populaire dans les Alpes-Maritimes.

M. le Président de la République, en remerciant, a dit combien il était heureux de recevoir le Groupe des Alpes-Maritimes. Il a ajouté qu'il s'intéressait beaucoup aux questions coopératives, et qu'il constatait avec plaisir qu'à Menton la coopération avait pris un grand développement et poussé des racines profondes, puisque on avait pu y constituer un Groupe si important. Il a engagé le Groupe à persévérer dans la diffusion des associations coopératives, et il a serré cordialement la main aux membres du bureau et aux délégués, qui se sont retirés enchantés de cette réception si cordiale, dont le souvenir restera gravé dans les cœurs des coopérateurs des Alpes-Maritimes.

Premières applications
de l'art. 10 de la loi du 20 juillet 1895

30 avril 1896.

La loi du 20 juillet 1895 a sanctionné et généralisé le libre emploi d'une partie des fortunes personnelles des caisses d'épargne (V^e du capital et totalité du revenu) en divers placements locaux dans les départements sièges des caisses, parmi lesquels les *prêts aux Sociétés coopératives de crédit.*

Promotrice de cette réforme, et par ses initiatives, et par ses efforts auprès des Chambres, la Caisse d'épargne de Marseille a pu ne faire de ce point d'application de la loi nouvelle que la continuation et le développement d'actes antérieurs, puisqu'on l'a vue plus haut devancer le législateur de plusieurs années dans la voie du concours des caisses d'épargne à la coopération de crédit.

Le 30 avril 1896, parmi une série de mesures utiles prises pour commémorer le 75ᵉ anniversaire de sa fondation, elle a assigné sur le revenu de sa fortune en 1895 une somme de 20,000 fr. à dix prêts de fr. 2,000 à 3 % et à deux ans, en faveur de dix nouvelles sociétés coopératives de crédit agricole qui se constitueront dans des communes des Bouches-du-Rhône où elle a des succursales.

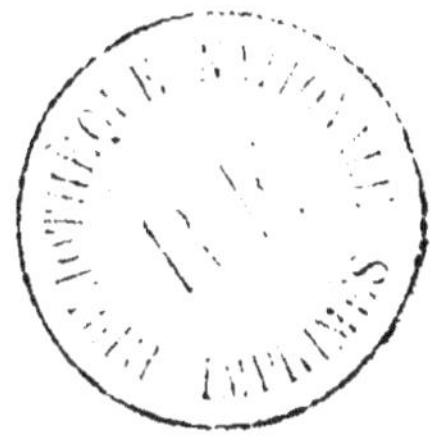

TABLE DES MATIÈRES

—